Hallo! Ich bin Anoki.
Für jede Seite, die du fertig bearbeitet hast,
malst du einen Fußabdruck aus.

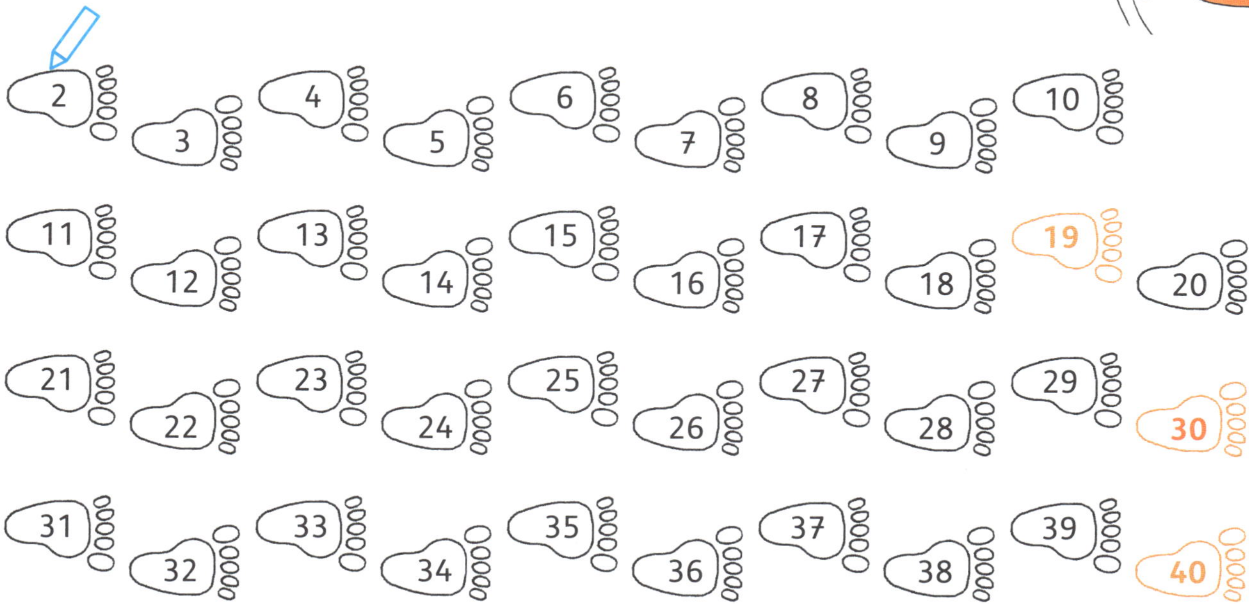

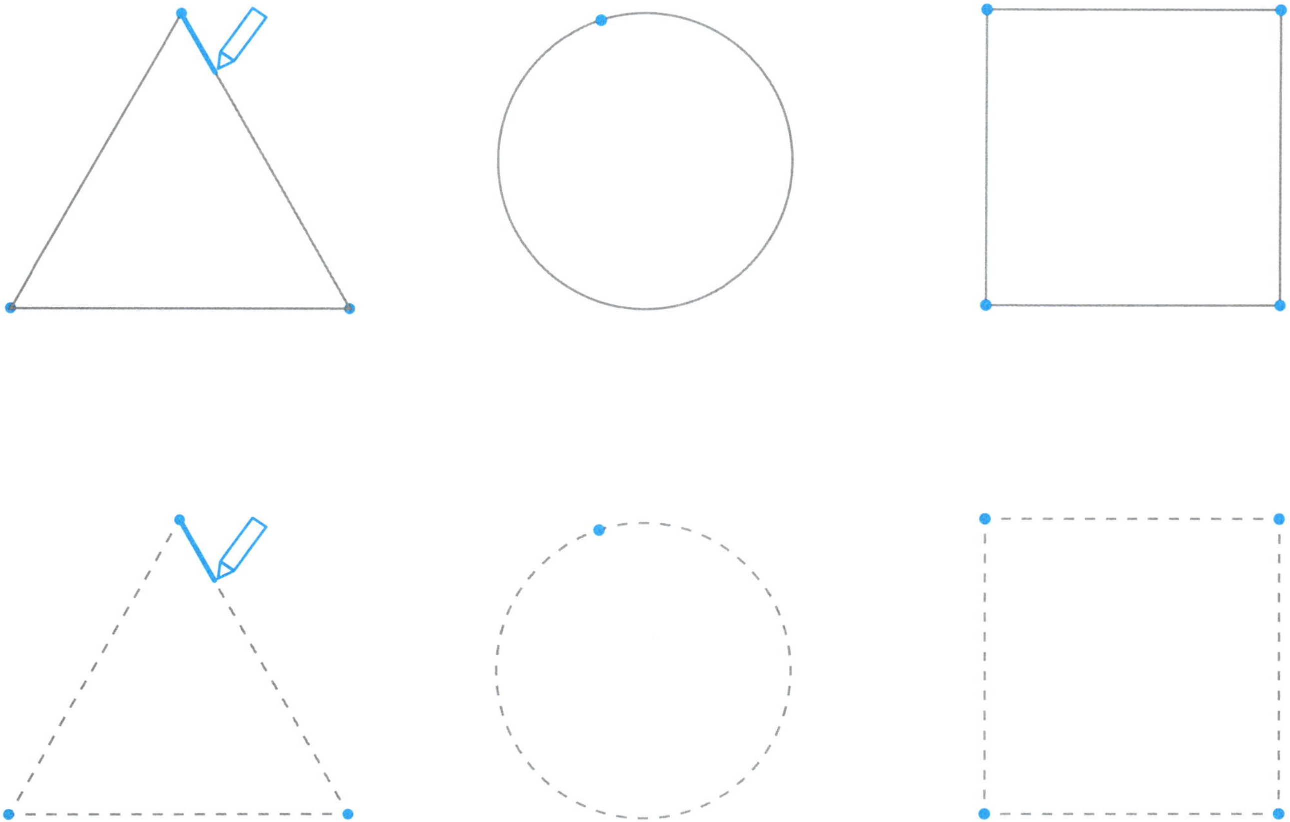

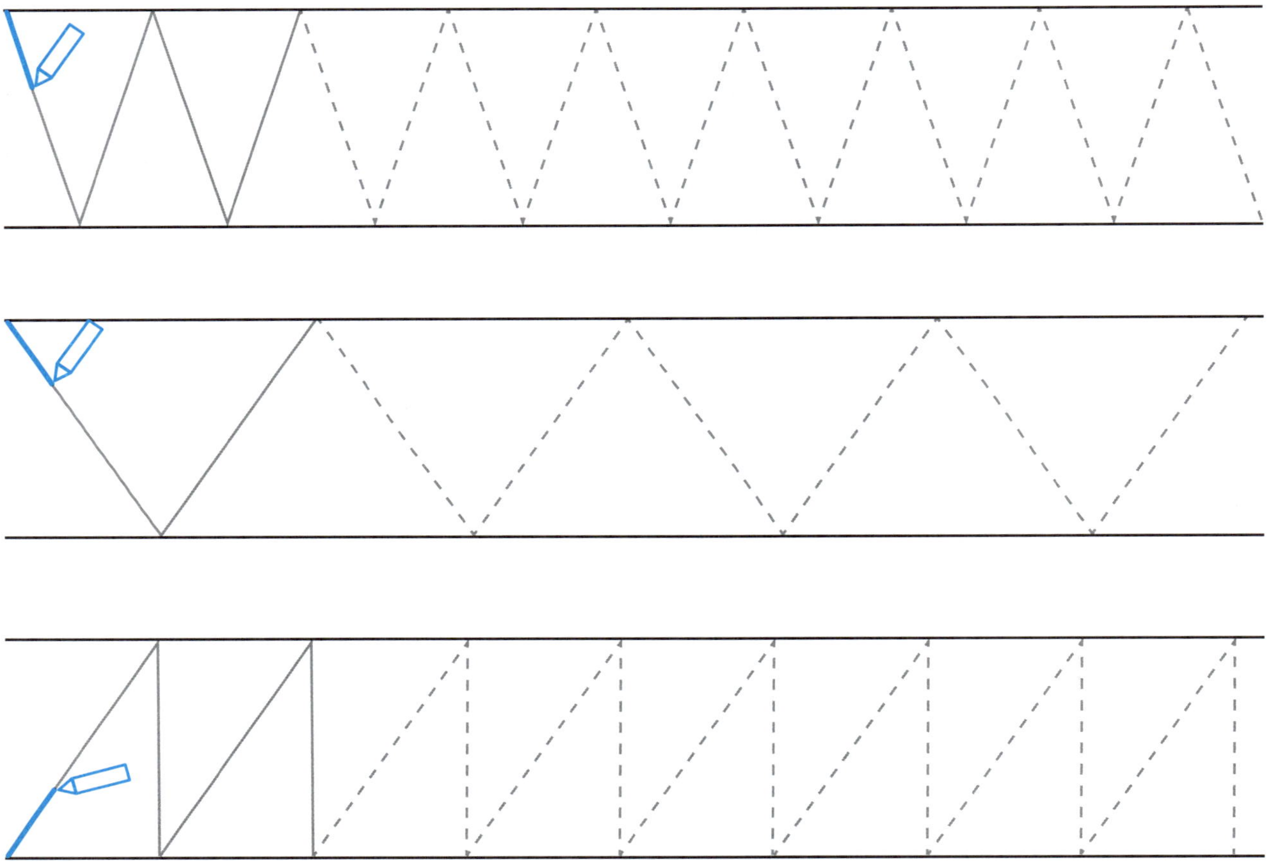

1 ⚀ eins |

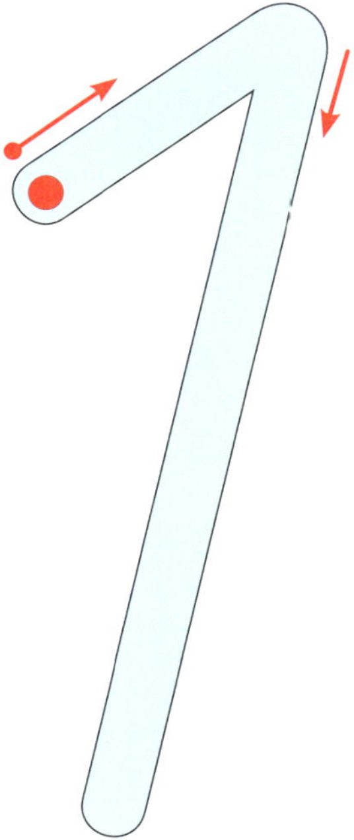

Ziffer 1

1 1 1

1 1 1 1

1 1 1 1

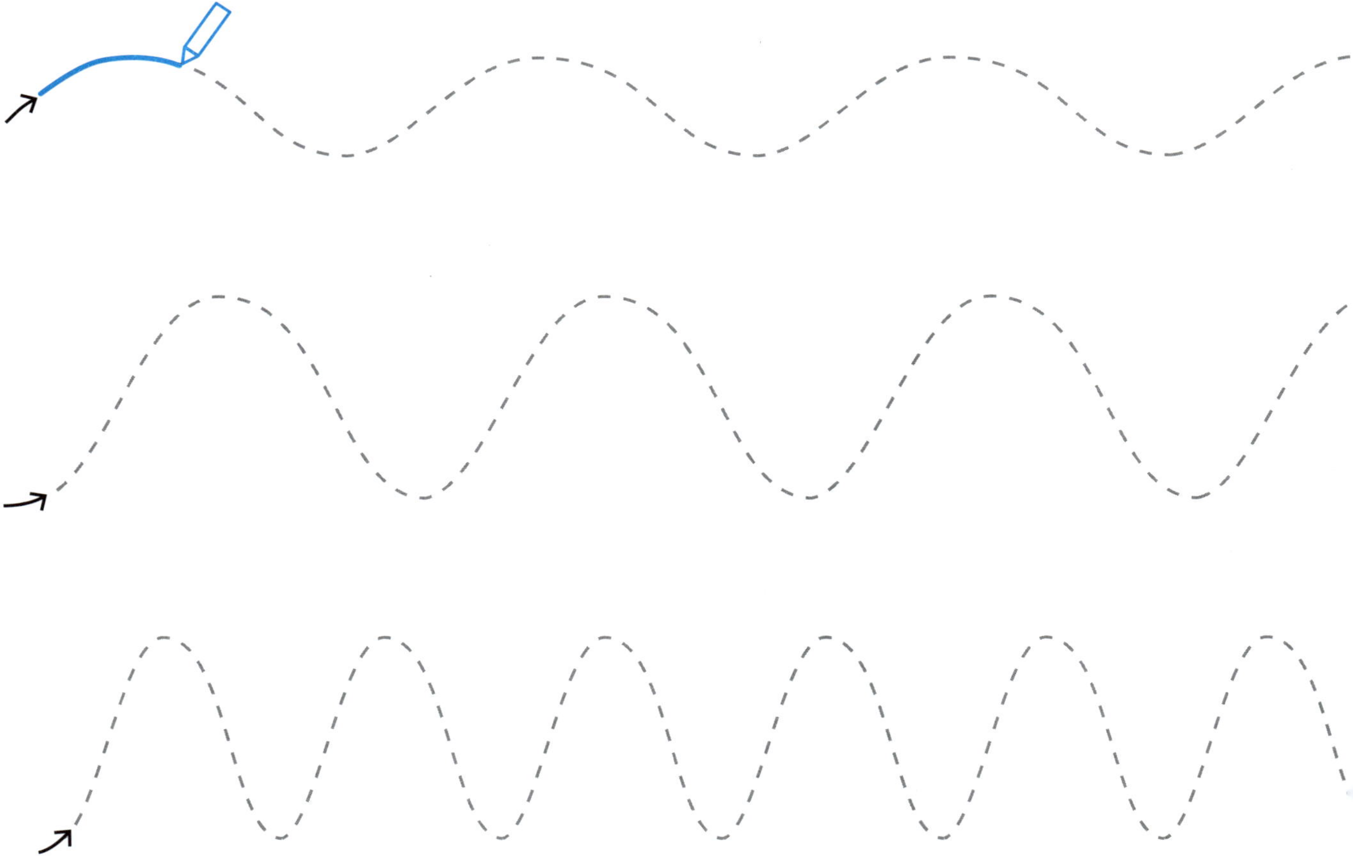

2 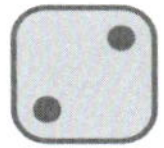 zwei ||

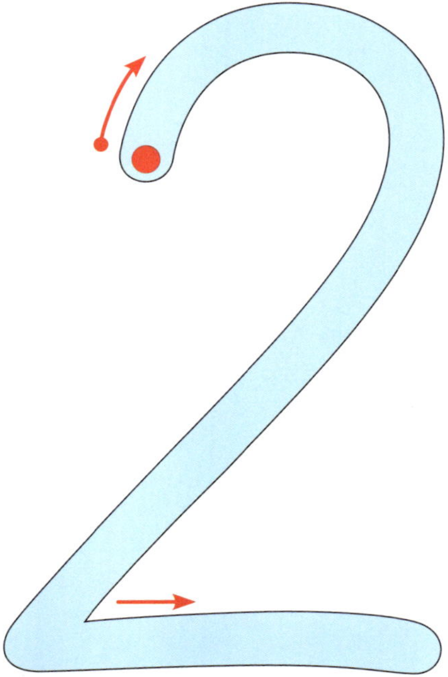

2

2

Ziffer 2

Ziffer 2

2

2

2

2

2

1 2 1

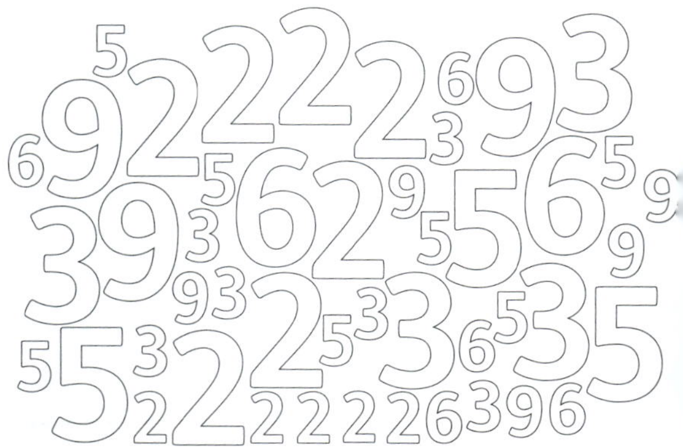

3  drei |||

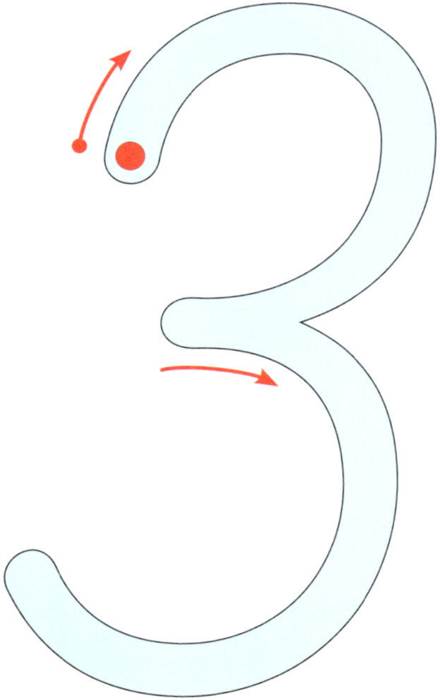

Ziffer 3

3

3

3

3

3

3

3

1 2 3

4  vier 

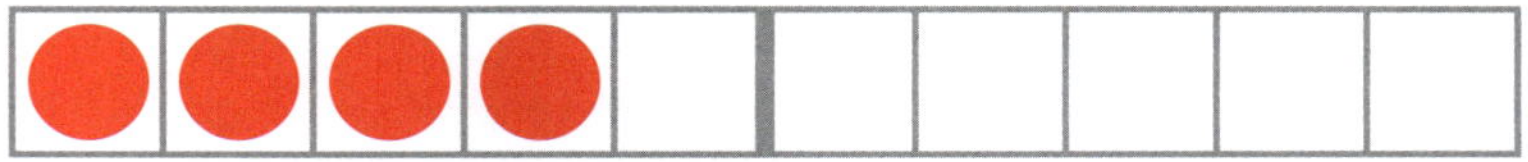

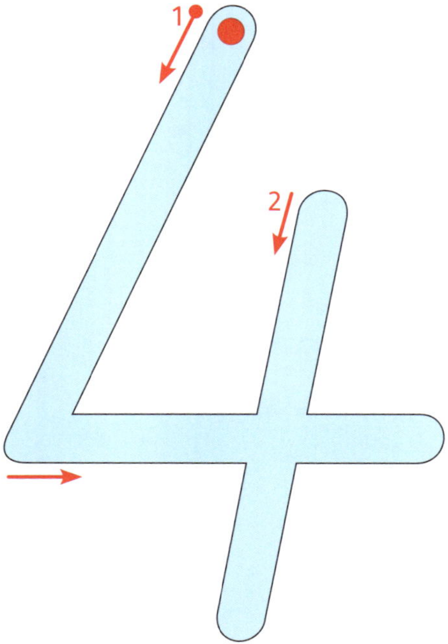

1 2

4

4

Ziffer 4

4

4

4

4

4

2 4 1 3

1
2
3
4

5  fünf 

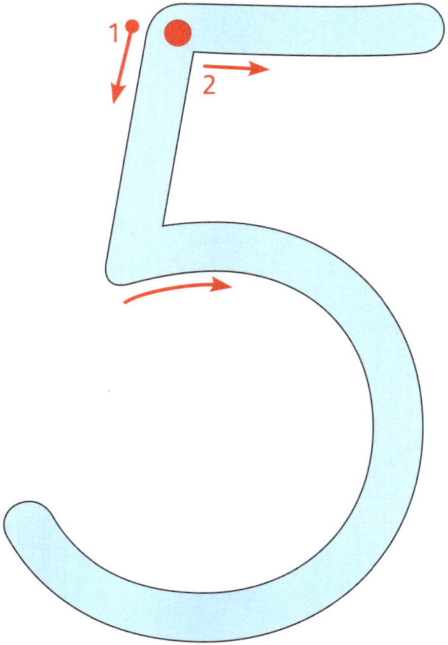

1 2

5

5

5

5

5

5

1 3 5

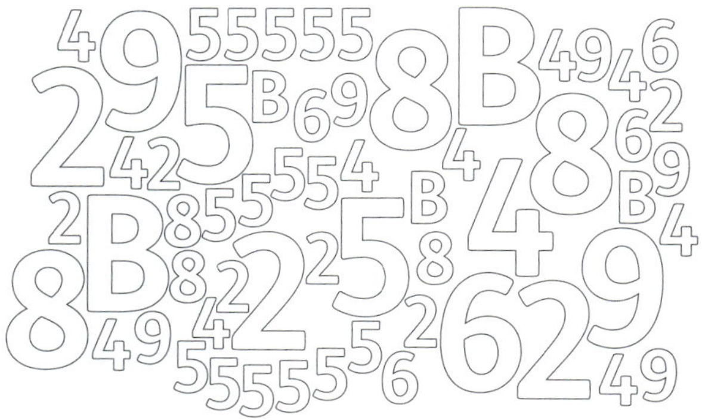

6 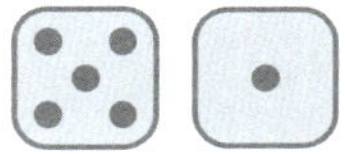 sechs 

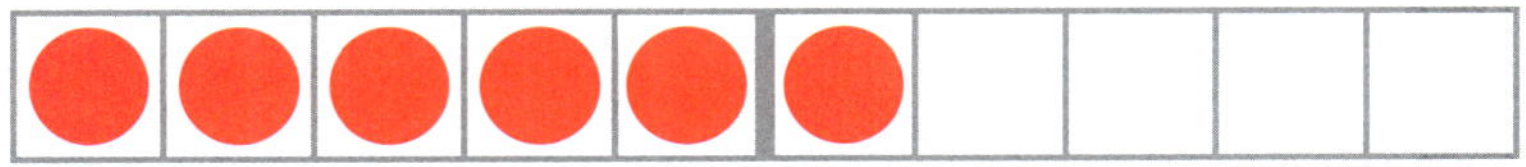

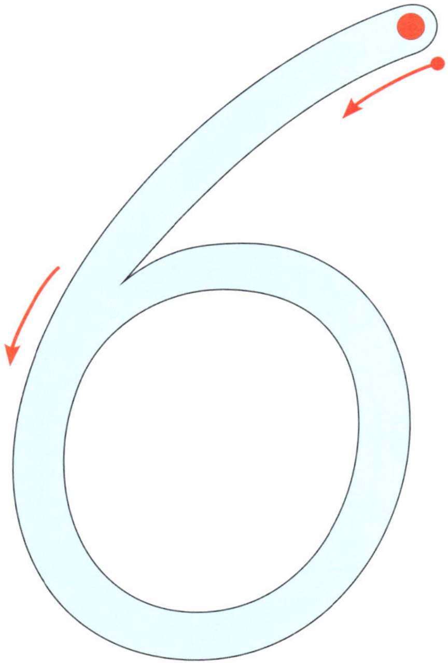

Ziffer 6

6 6 6

6 6 6 6

6 6 6 6

6	6	6	6	6	6
6					

6	6	6	6	6	6	6	6	6
6								

6

6

6

6

6

6

2 4 6

7 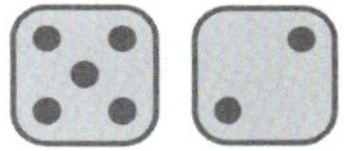 sieben

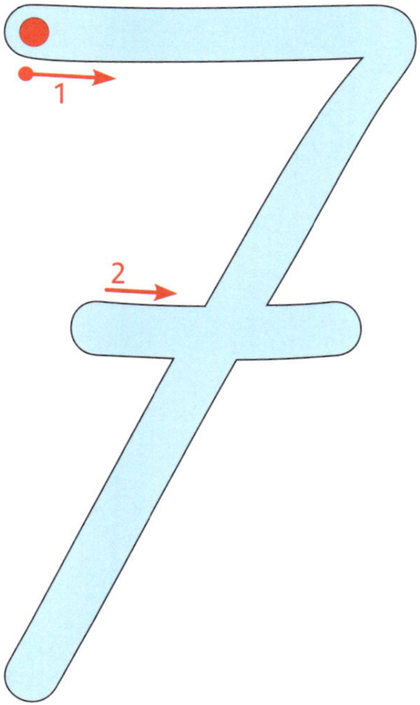

1

2

7

7

Ziffer 7

7

7 7 7

7 7 7

7 7

7 7 7

7 7

7 7 7

7 7

7

1 4 7 1 4 7

1 4 7

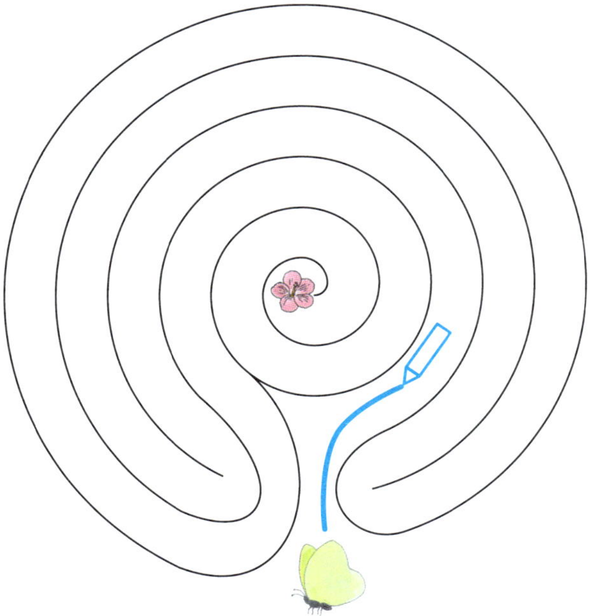

8 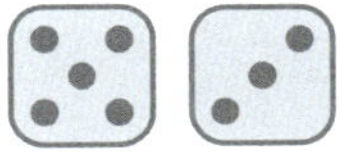 acht 

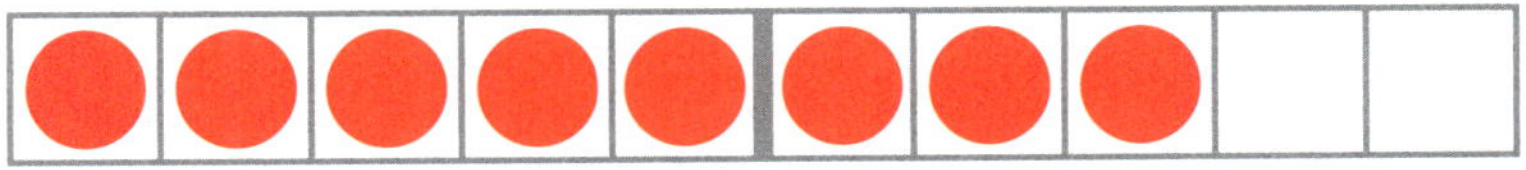

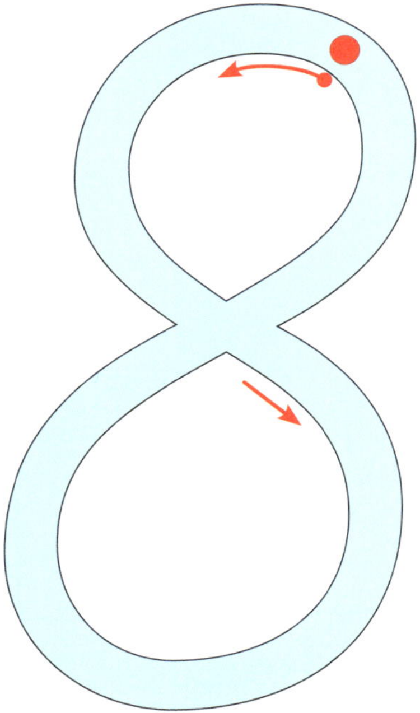

Ziffer 8

Ziffer 8

8

8

8

8

8

8

2 4 6 8

8

9 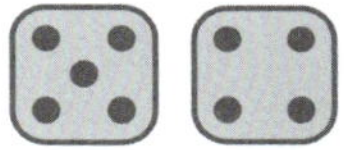 neun 

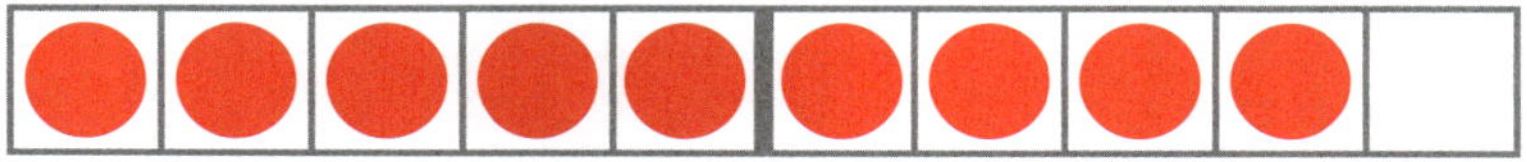

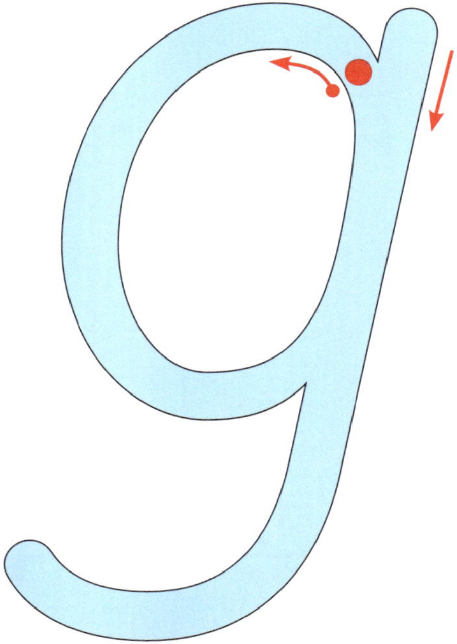

g g g
g g g g
g g g g

g	g	g	g	g	g
g	a	a	a	a	a
c	c	c			

g	g	g	g	g	g	g	g	g
g	a	a	a	a	c	c	c	c
c								

Ziffer 9

g g g g g g

g a c

g g g

g a c

g g g

g a c

g g g

g

g

3 6 9 3 6 9

3 6 9

Ziffer 0

0 null

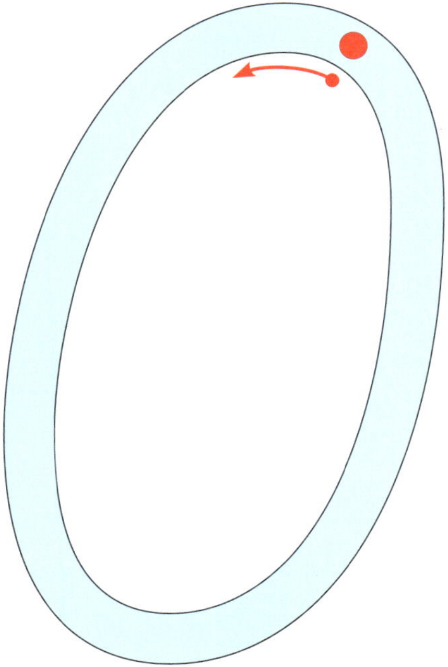

Ziffer 0

0

0

0

0

0 5 7 8 9

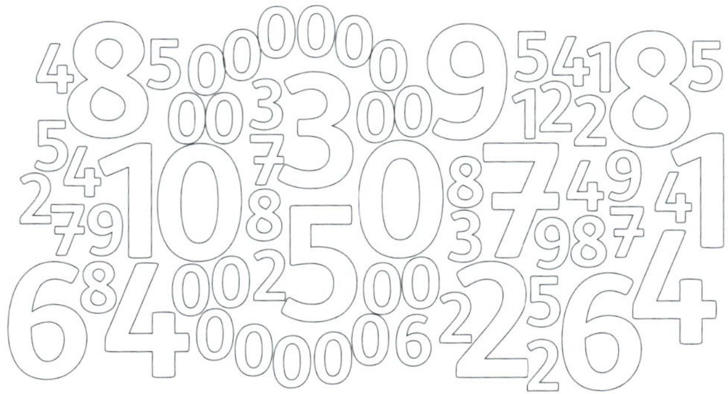

Ziffer 0

Mach Pause!